PUBLICATIONS DU *PROGRES MÉDICAL*

RAPPORT

SUR L'ORGANISATION

DU PERSONNEL MÉDICAL & ADMINISTRATIF

DES ASILES D'ALIÉNÉS

PRÉSENTÉ

À LA COMMISSION MINISTÉRIELLE
CHARGÉE D'ÉTUDIER LES RÉFORMES
QUE PEUVENT COMPORTER
LA LÉGISLATION ET LES RÈGLEMENTS CONCERNANT
LES ASILES D'ALIÉNÉS.

PAR

BOURNEVILLE

Député de la 1re circonscription du Ve arrondissement
Directeur de l'enseignement des Écoles municipales d'infirmières
Médecin de Bicêtre
Rédacteur en chef du *Progrès Médical* et des *Archives de neurologie*.

PARIS

Aux Bureaux du PROGRÈS MÉDICAL   A. DELAHAYE et E. LECROSNIER

LIBRAIRES-ÉDITEURS

14, rue des Carmes, 14   Place de l'École-de-Médecine

1885

RAPPORT

SUR

LE PERSONNEL MÉDICAL ET ADMINISTRATIF

DES ASILES D'ALIÉNÉS

MESSIEURS,

Dans sa première réunion tenue, le 26 avril 1881, la deuxième sous-commission a décidé qu'elle se diviserait en cinq groupes et elle a tracé le programme des questions que chaque groupe aurait à examiner. Nous croyons utile de reproduire immédiatement le sommaire des questions dont l'examen a été attribué au 5ᵉ groupe (1) : cela nous servira d'introduction et mettra de suite nos collègues au courant des principaux sujets exposés dans ce rapport.

PERSONNEL MÉDICAL ET ADMINISTRATIF A TOUS LES DEGRÉS.

a) Personnel administratif. — Directeur, mode de nomination. Division ou réunion des fonctions de directeur et de médecin. — Direction administrative confiée à un médecin. — Attributions du directeur. — Remplacement en cas d'absence. — Secrétaires de direction. — Receveurs. — Economes. — Commis et expéditionnaires.

b) Personnel médical. — Médecins en chef. — Médecins chefs de service. — Médecins adjoints. — Internes en médecine. — Pharmaciens. — Internes en pharmacie. — Mode de nomination, fixation des traitements. — Médecins des asiles privés et des quartiers d'hospices réservés au traitement des aliénés. — Mode de nomination. — Résidence dans l'établissement pour les médecins des asiles publics ou privés et des quartiers d'hospice. Le personnel

---

(1) MM. Herold, *président;* Ball, Lunier, Foville, Pilon et Bourneville, *rapporteur.*

médical peut-il être intéressé dans un établissement privé destiné au traitement de l'aliénation mentale ?

c) Aumôniers.

d) Personnel secondaire chargé de la surveillance. — Chefs d'ateliers. — Chefs surveillants. — Surveillants, surveillantes. — Infirmiers. — Infirmières, mode de nomination. — Mesures à prendre pour faciliter le recrutement et la stabilité de ce personnel. — Traitements. Caisse de retraite ou situation de reposants.

1. DIRECTION DES ASILES. — D'après l'état actuel de la législation et des règlements relatifs au mode de nomination des directeurs des asiles publics d'aliénés, ces fonctionnaires sont nommés par M. le Ministre de l'intérieur conformément à l'ordonnance du 18 décembre 1839. La pratique adoptée par le ministère consiste à réunir le plus souvent possible les fonctions de directeur et de médecin en chef. Ainsi sur 46 asiles publics placés sous la direction de l'autorité ministérielle, 32 sont mis sous l'autorité du médecin en chef, 2 sont dirigés par un médecin exonéré des fonctions médicales, et 12 seulement ont à leur tête un directeur administratif. Ce n'est pas d'emblée, mais progressivement et par la force des choses, que l'Administration supérieure s'est décidée à confier aux médecins la direction administrative des asiles.

Tout, dans un asile d'aliénés, doit converger vers le même but : *le traitement des malades.* Et si, quand il s'agit de malades ordinaires pour lesquels la pharmacopée fournit les principaux agents, le médecin n'a guère besoin de s'immiscer dans les questions administratives — sauf, en ce qui concerne l'hygiène générale de l'hôpital, souvent trop négligée, — il n'en est plus de même dans la médecine des aliénés. En effet, dans le traitement des diverses formes de l'aliénation mentale, doivent intervenir non seulement les *agents pharmaceutiques,* mais la *discipline* intérieure, la *distribution* du travail, l'indication de sa durée, les *promenades,* les *congés* d'essai ou de convalescence, les *exercices physiques,* etc. Les *distractions* mêmes, qu'il s'agisse de jeux, de concerts ou de représentations théâtrales doivent être prescrites ou défendues par le médecin. Tel malade bénéficiera d'une distraction qui exaltera le délire de tel autre. Le travail, si celui qui le répartit n'est pas imbu de ces idées, devient bientôt une simple exploitation du malade ; il faut que celui-ci rapporte le plus possible à l'asile ; on le pousse au travail. Résiste-t-il ? Il est renvoyé pour céder la place à un autre plus docile ou plus robuste, et, peu à peu le surveillant oubliant son rôle d'infirmier ou de garde-malade n'est plus qu'un simple contre-maître.

Sur ce point, l'opinion médicale est unanime, et cela, non pas pour la vaine satisfaction d'un amour-propre puéril, mais parce que le bien-être du malade et les nécessités du traitement le réclament. A l'appui, on peut invoquer non seulement ce qui se fait à l'étranger, mais aussi l'avis de personnes n'appartenant pas au corps médical et dont on ne peut suspecter l'impartialité. C'est ainsi qu'avec M. Foville nous citerons l'opinion de M. Ninard qui, dans un discours à la Chambre des députés (séance du 4 avril 1879), s'exprimait en ces termes au sujet de la direction des asiles d'aliénés.

« Est-il besoin dans ce grave intérêt d'un directeur autre qu'un directeur médecin dont les aptitudes spéciales répondent à toutes les exigences de cette intéressante et délicate mission ? Il faut l'unité de vue dans un pareil service. La division des attributions ne peut avoir d'autre résultat que de créer de regrettables et dangereux conflits, de confondre les responsabilités, de gêner, d'entraver les services en plaçant constamment en face deux volontés dont l'une est toujours raisonnée, consciente, et dont l'autre n'est que trop inconsciente ou capricieuse.

« Les dangers que je signale s'appliquent surtout aux directeurs non médecins dont le personnel se recrute généralement dans le monde des fonctionnaires administratifs, et dont l'utilité est plus que contestable.

« La fonction consiste à diriger des malades, des gardiens. Une direction unique suffirait donc, celle des médecins secondés par les employés nécessaires, et elle aurait cet avantage, dans le sens du projet de loi, de n'appeler aux fonctions de directeur que des hommes sans titres antérieurs, débutant dans la carrière par les classes les moins élevées et n'arrivant au sommet de la hiérarchie qu'après avoir successivement parcouru les étapes qui les en séparent. »

Tous les membres du 5e groupe acceptant ces principes généraux reconnaissent la nécessité de placer les asiles sous la suprématie médicale. Mais, comme les asiles sont loin d'avoir la même importance, comme quelques-uns sont confiés à plusieurs médecins chefs de service, il a paru utile d'examiner s'il n'y avait pas lieu d'établir une distinction, au point de vue administratif, entre les divers asiles. Après une discussion approfondie, le 5e groupe a été d'avis de faire la proposition suivante qui modifie la réglementation actuellement en vigueur :

Dans les asiles où il n'y a qu'un médecin chef de service, les fonctions administratives et médicales sont réunies. Dans les asiles où existent plusieurs médecins, chefs de service, les fonctions de médecin en chef et les fonctions administratives seront distinctes.

Il suit de là que les asiles publics d'aliénés seraient divisés

en deux catégories : la première embrassant tous les asiles où
il n'y a qu'un médecin chef de service, quel que soit le nombre
des médecins adjoints ; la seconde embrassant les asiles où il
y a plusieurs médecins chefs de service. Sur la proposition de
M. Herold, 4 membres du groupe sur 5 adoptent la proposition
ci-après :

*Les asiles publics d'aliénés existant actuellement dans le
département de la Seine seront placés dans la deuxième ca-
tégorie* (1).

Le cinquième groupe s'est alors occupé : 1° des *améliorations* qui devaient être introduites afin de faciliter la tâche des
médecins-directeurs ; 2° des *attributions* qui devaient être
données aux *directeurs administratifs.*

1° *Médecins-directeurs.* — En ce qui concerne les médecins
directeurs, on s'est plaint tantôt de l'abandon qu'ils étaient
portés à faire de leurs fonctions médicales, tantôt de leur insuffisance administrative ; on a dit que, préoccupés du côté
scientifique de leur mission, ils laissaient péricliter les intérêts de l'asile qui leur était confié ; ou bien que, soucieux surtout d'équilibrer leur budget et de se présenter devant le Conseil général et l'Administration supérieure avec une situation
financière avantageuse, ils négligeaient leurs fonctions médicales. Le remède à cette situation consiste à décharger, dans
une certaine mesure, le médecin directeur des menus détails
de l'Administration. Et, à cet égard, les membres du 5° groupe
ont approuvé à l'unanimité les indications formulées par MM.
les Inspecteurs généraux dans le passage suivant de leur *Rapport sur le service des aliénés :*

« Dans la plupart des asiles, disent-ils, le directeur est secondé
par un *secrétaire de la direction.* C'est, croyons-nous, en augmen-
tant le traitement de ces employés, en leur faisant une situation à
peu près analogue à celle des receveurs ou des receveurs économes,
qu'ils pourraient être mieux choisis et deviendront pour les directeurs des auxiliaires sérieux auxquels ils n'hésiteront plus à déléguer

---

(1) Les asiles de la Seine, tout au moins ceux de Vaucluse et de
Ville-Evrard avaient été organisés de telle sorte que la population
y étant limitée à un nombre assez restreint de malades, les médecins
directeurs pouvaient parfaitement faire face aux besoins du service.
Malheureusement à Ville-Evrard, au lieu de créer un second asile
dans les terrains disponibles, on a procédé à des agrandissements
successifs qui finiront par doubler la population de l'asile primitif.
C'est là une expérience coûteuse et qui démontre la nécessité de
restreindre à 5 ou 600 la population des asiles. (*Note du rapporteur*).

certaines attributions de détail qui absorbent sans grand profit pour les établissements la meilleure partie de leur temps et de leur activité (p. 160). »

En exprimant son opinion favorable sur ce point, M. Foville, nommé inspecteur après la publication du Rapport, a fait remarquer que si, dans les asiles de la Seine, les médecins directeurs avaient un personnel suffisant, il était loin d'en être toujours ainsi dans les asiles des autres départements. Nous avons la conviction que si les préfets, encouragés dans cette voie par l'Administration supérieure, insistent auprès des Conseils généraux pour leur démontrer les avantages de cette réforme, ils réussiraient le plus souvent à la faire adopter, à pourvoir les médecins directeurs de secrétaires de direction remplissant les conditions désirables et pouvant jouer le rôle que nous proposons pour eux. Il n'est guère admissible, en effet, que les Conseils généraux républicains ne considèrent pas comme l'un de leurs premiers devoirs celui de placer les institutions hospitalières de leur département au niveau des institutions similaires de l'étranger où l'on s'est efforcé de réaliser toutes les améliorations indiquées par l'expérience et, par conséquent, de fournir aux médecins les moyens indispensables pour arriver à ce but.

2° *Directeurs administratifs.* — Une étude attentive des asiles d'aliénés montre, nous le répétons, que trop souvent, dans les asiles où n'existe pas l'*unité de direction*, il survient des conflits regrettables entraînant dans le personnel des mutations fréquentes, fort préjudiciables aux intérêts des malades devant lesquels tous les autres ne sont que secondaires. C'est en s'appuyant sur les faits de ce genre que les membres du 5° groupe ont décidé à l'unanimité qu'il était indispensable de subordonner le *directeur administratif* aux *médecins chefs de service.*

Afin de marquer cette subordination, le groupe adopte la dénomination d'*administrateur*, que M. Herold propose de substituer à celle de *directeur*.

Dans le but de bien établir cette subordination dans la pratique, le rapporteur a demandé qu'il soit créé un *Conseil d'administration* composé du corps médical, du pharmacien, de l'administrateur et de l'économe. La présidence en serait dévolue à l'un des médecins qui serait rééligible après un intervalle d'un an. Après discussion cette proposition a rallié la majorité des membres du groupe, mais à la condition que le pharmacien et l'économe ne feront pas partie du Conseil d'administration auquel ils pourraient assister, ainsi que les médecins adjoints. Et, finalement, la rédaction suivante a été adoptée à l'unanimité.

L'Administrateur est chargé, sous l'autorité du Préfet et sous le contrôle du service médical, de la Direction de l'asile et de la gestion de ses biens et revenus.

Restait à savoir comment le contrôle du service médical s'exercerait sur les actes d'administration. Les membres du 5 groupe, également à l'unanimité, ont précisé ce contrôle dans la formule ci-après :

Le contrôle du service médical sur l'Administration de l'asile s'exerce par un comité de médecins chefs de service dont le président est renouvelé chaque année. Ce comité correspond directement avec le Préfet par l'intermédiaire de son président.

Toujours dans le même ordre d'idées, c'est-à-dire afin de bien indiquer la pensée qui inspire les membres du groupe, et sur la remarque judicieuse de M. Lunier, les membres du groupe, à l'unanimité, demandent que, dorénavant, le règlement porte en première ligne le service médical et les attributions qui lui sont conférées.

Pour terminer, il convenait de fixer les *conditions de nomination des administrateurs*. Le groupe est d'avis qu'elles pourraient être ainsi rédigées : Etre Français ; avoir trente ans d'âge ; être licencié en droit, et compter cinq ans de services dans l'Administration centrale ou dans une Préfecture de 1re classe ; ou bien compter dix ans de service comme employé dans l'Administration centrale, dans les Administrations préfectorales de 1re classe ou dans les asiles d'aliénés.

II. Du service médical. a) *Internes*. — Si l'on avait la certitude, en instituant le *concours* pour tous les asiles, d'avoir des *internes* en nombre suffisant, c'est à ce mode de nomination qu'il conviendrait d'avoir recours. Et alors on aurait, pour les fonctions de médecin adjoint, un nombre suffisant de candidats auxquels viendraient sans doute s'ajouter des docteurs en médecine n'ayant point passé par l'internat des asiles. Il suffirait amplement, pour tenir compte des services rendus, d'avantager dans une certaine mesure les anciens internes des asiles, comme le fait l'Assistance publique de Paris pour ses internes concourant au Bureau central.

Mais, si l'on est en droit d'espérer que des candidats se présenteront pour l'internat de quelques asiles, par exemple ceux de la Seine, du Rhône, de la Gironde, etc., il est à craindre, quant à présent, qu'on n'en trouve pas pour la majorité des asiles. Aussi, le cinquième groupe, tout en étant partisan de ce mode de recrutement, est-il d'avis qu'il faut maintenir l'état actuel, se résumant en ceci : nomination directe des internes par les préfets ; — latitude laissée à ceux-ci de recourir au concours, comme cela se fait notamment pour les asiles de la Seine, du Rhône, de l'Hérault, des Bouches-du-Rhône et de la Gironde. Le groupe estime qu'il serait bien désirable que le concours fût institué pour l'internat de tous les asiles voisins des Facultés de médecine et pour la maison nationale de Charenton.

b) Médecins adjoints. — En face de la situation que nous venons d'indiquer, les membres du cinquième groupe ont pensé qu'il fallait introduire le *concours* pour tous les *médecins adjoints* des asiles. A cet égard, il y a eu unanimité.

Afin de faciliter la tâche du groupe, M. Foville a élaboré un *programme* des conditions du concours à imposer aux candidats. Sans entrer dans les détails qui devront être examinés par une Commission spéciale, les membres du cinquième groupe ont adopté les points principaux qu'ils soumettent à la Commission : 1° Être français et docteur en médecine ; 2° Avantager, dans une proportion de points à déterminer, les candidats qui auront été internes des hôpitaux de Paris ou des asiles de la Seine et des établissements hospitaliers des villes où siègent des Facultés, *quand ils sont nommés au concours ;* ceux qui auront été deux années internes dans les asiles d'aliénés ; enfin ceux qui, étant docteurs en médecine, seront entrés comme internes dans les asiles et en auront rempli les fonctions pendant un an ; 3° Un concours pour la nomination au grade de médecin-adjoint des asiles sera ouvert par les soins de M. le Ministre de l'Intérieur, toutes les fois que les besoins du service le comporteront, et, chaque fois, trois places au moins devront être mises au concours ; 4° Les candidats nommés seront placés par ordre de classement, au fur et à mesure des besoins du service. A partir de leur nomination, et même en attendant leur placement, ils recevront le traitement attaché à la dernière classe de leur grade et ils pourront être employés à faire des intérims. Ceux qui seront internes dans les asiles pourront continuer à en remplir les fonctions jusqu'à leur placement.

Des indemnités de voyage pourront être accordées aux docteurs en médecine, internes dans les asiles des départements, afin de leur permettre de venir prendre part aux épreuves qui seront subies à Paris. Dans la pensée du groupe, les épreuves exigées pour ce concours devront être analogues à celles des concours de l'internat des hôpitaux de Paris ou des asiles de la Seine.

c) Médecins chefs de service. — Comment doit-on procéder à la nomination des médecins chefs de service? Faut-il la laisser au Ministre de l'intérieur, ou convient-il d'y procéder par un second concours? Telles sont les questions que le cinquième groupe s'est posées. Deux opinions se sont produites.

La première a été émise par M. Herold. Dans sa pensée, les conditions du concours du premier degré sont suffisantes pour que les médecins adjoints qui auront satisfait à cette épreuve puissent, après un certain nombre d'années de pratique dans un asile, devenir médecins en chef des asiles publics de second ordre. Ce qu'il préférerait, c'est un concours élevé, d'un degré réellement supérieur, permettant de n'avoir dans les grands asiles et notamment ceux de la Seine, que des médecins ayant donné des preuves d'une capacité remarquable et en situation de relever par leur valeur personnelle le niveau scientifique de la pathologie et de la thérapeutique des maladies du système nerveux. La majorité n'a pas été de cet avis et elle a voté pour que les médecins chefs de service fussent nommés après un second concours. Il a été ensuite procédé à la discussion du programme communiqué par M. A. Foville. Le groupe a adopté à l'unanimité la première condition : *Nul ne pourra être nommé au grade de médecin en chef des asiles d'aliénés s'il n'a subi avec succès les épreuves d'un concours* ad hoc.

MM. Ball et Foville ont introduit un amendement ainsi conçu: « *A moins qu'il n'ait rempli pendant deux ans les fonctions de chef de clinique des maladies mentales, nommé au concours dans une Faculté de médecine, auquel cas, il sera dispensé de toute autre épreuve.* »

Et, à l'appui, M. Ball soutient que les épreuves du concours du clinicat équivalent à celles du concours pour les places de médecin des quartiers de Bicêtre et de la Salpêtrière.

Nous avons fait remarquer : 1° Que l'adoption de cette proposition aurait pour conséquence de supprimer le concours pour les places de médecins chefs de service parce que le nombre des chefs de clinique est à peu près égal à celui des vacances qui se produisent; — 2° que les chefs de clinique de médecine et de chirurgie, bien qu'ayant subi des épreuves semblables à celles du chef de clinique mentale, n'en sont pas moins obligés de subir de nouveaux concours, s'ils veulent être nommés médecins ou chirurgiens des hôpitaux; — 3° qu'il n'y a pas de comparaison possible entre les épreuves du clinicat de la chaire des maladies mentales, et celles du concours pour les places de médecin de Bicêtre et de la Salpêtrière, car, pour ces dernières places, les épreuves ont été établies, selon le désir de M. le Préfet de la Seine, de manière à être tout à fait équivalentes à celles du concours des médecins des hôpitaux auxquels sont assimilés les médecins des quartiers d'aliénés (1).

L'examen des épreuves exigées pour chacun de ces concours justifie pleinement nos remarques. Le groupe a ensuite fixé les autres conditions et s'est arrêté à la rédaction suivante :

Pourront être admis à concourir : tous les docteurs en médecine français, reçus depuis deux ans ; — tous les médecins adjoints des asiles et tous les chefs de clinique des maladies

---

(1) Voici en quoi consistent les épreuves des trois concours dont il est question :

CLINICAT DES MALADIES MENTALES.

1° Épreuve sur un cas de maladie ordinaire (10 minutes d'examen; 10 minutes d'exposition).

2° *Consultation* écrite sur un cas de médecine mentale (10 minutes d'examen; *le jury déterminera le temps accordé* pour la rédaction).

3° *Leçon clinique* de 20 minutes sur deux malades aliénés (après 10 minutes d'examen pour chacun).

MÉDECINS DE BICÊTRE ET DE LA SALPÊTRIÈRE.

1° Épreuve écrite (3 heures), 30 points.

2° Épreuve clinique sur un malade atteint d'une maladie ordinaire (10 minutes d'examen; 20 minutes pour la leçon orale), 20 points.

3° Épreuve clinique sur les maladies mentales; un seul malade (20 minutes pour l'examen, 20 minutes pour la dissertation), 20 points.

4° Double épreuve écrite comprenant une *consultation*, après l'examen d'un aliéné, et *rapport* sur un cas d'aliénation mentale (15 minutes pour l'examen de chacun des malades; une heure et demie pour la rédaction du rapport et de la consultation), 30 points.

5° Épreuve clinique sur deux malades aliénés (15 minutes pour chacun d'eux; 30 minutes pour la dissertation), 30 points.

MÉDECINS DES HÔPITAUX.

1° Épreuve clinique sur un malade (10 minutes d'examen, 15 minutes de dissertation), 20 points.

2° Épreuve orale théorique sur un sujet de pathologie (20 minutes de réflexion; 20 minutes pour la leçon), 20 points.

3° Consultation écrite sur un malade (10 minutes d'examen; 3/4 d'heure pour la rédaction), 20 points.

4° Composition écrite sur un sujet de pathologie (3 heures) 30 points.

5° Épreuve clinique sur deux malades (20 minutes pour l'examen des deux malades; 30 minutes pour la dissertation), 30 points.

mentales relevant d'une Faculté de l'État. Ceux qui auront été nommés depuis deux ans médecins adjoints des asiles d'aliénés recevront avant le commencement des épreuves un nombre de points égal au dixième du nombre maximum. — Pour ceux des candidats qui, en même temps qu'ils auront rempli les fonctions de médecin adjoint auront été chefs de clinique, nommés au concours auprès d'une chaire de maladie mentale dans une Faculté de l'État, l'avantage pourra être doublé. — Les travaux et publications scientifiques d'un candidat lui seront comptés pour un nombre de points que le jury fera connaître avant le commencement des épreuves et qui sera, au plus, égal au dixième du maximum.

Un concours pour la nomination au grade de médecin en chef des asiles sera ouvert par les soins du Ministère de l'intérieur toutes les fois que les besoins du service le comporteront, et, chaque fois, trois places au moins devront *être mises au concours.*

Les épreuves du concours seront à la fois théoriques et pratiques. — Les candidats classés les premiers par le jury en nombre égal à celui des places mi.. s au concours, seront nommés au grade de médecin en chef des asiles d'aliénés et seront placés par ordre de classement au fur et à mesure des besoins du service.
A partir de leur nomination et même en attendant leur placement, ils recevront le traitement appartenant à la dernière classe de leur grade, et ils pourront être employés à faire des intérims. Ceux qui seront médecins adjoints dans des asiles pourront continuer à en remplir les fonctions jusqu'à leur placement.

En admettant les *médecins adjoints* et les *médecins chefs de service* à faire des *remplacements*, les membres du cinquième groupe pensent mettre de la sorte l'Administration en mesure de pourvoir aux besoins des asiles lorsque les médecins chefs de service sont en congé ou empêchés par la maladie.
Il s'est agi, jusqu'ici, des médecins chefs de service des asiles publics, mais, à côté d'eux, il y a : 1° les *médecins des asiles privés faisant fonction d'asiles publics* et 2° les *médecins des quartiers d'hospices.* Aujourd'hui, les premiers sont choisis par les propriétaires des asiles privés et doivent être simplement agréés par les préfets, à moins de clauses contraires insérées dans les traités. Les seconds sont nommés par les commissions administratives, après ou sans concours, en vertu

de la loi d'août 1851. Les membres du cinquième groupe ont été unanimes à demander que les médecins de ces deux catégories soient nommés par le même concours que les médecins adjoints des asiles publics.

d) Médecins chefs de service des asiles de la Seine. — La question relative au mode de recrutement du personnel médical des asiles de la Seine a fait l'objet d'une discussion à part. Deux opinions se sont trouvées en présence : 1° recrutement des médecins des asiles de la Seine par un concours *spécial ;* 2° recrutement de ces médecins parmi les médecins chefs de service des asiles des départements ayant subi le *concours commun.*

On sait que, actuellement, la population des asiles de ce département est évaluée au chiffre de 8,125 ; 4,125 sont traités dans divers asiles d'autres départements, et 4,000 seulement dans les asiles de Sainte-Anne, Vaucluse, Ville-Évrard et les deux quartiers d'hospice de Bicêtre et de la Salpêtrière.

Le but poursuivi par le Conseil général de la Seine et par l'Administration est de restreindre de plus en plus l'envoi des aliénés de la Seine en province. Cette œuvre, pour être entièrement accomplie, exige un temps et des dépenses considérables. Mais pour qu'il n'y ait pas de doute sur ses intentions, le Conseil général a voté les fonds nécessaires pour l'érection à Villejuif d'un nouvel asile, devant contenir 1,200 aliénés.

De là, il ressort un point important : C'est que, de même que par le nombre de ses hôpitaux et de ses hospices, par le chiffre de ses malades et de ses infirmes, Paris a dû être pourvu d'un organisme spécial, l'*Administration de l'assistance publique,* de même, il a semblé à plusieurs membres du groupe que la *population* considérable des aliénés de la Seine, la *multiplicité de ses asiles* justifiaient une organisation différente, au moins sur certains points, de celle qui est acceptée pour la généralité des asiles de France.

Contre cette idée, on objecte la crainte de créer une oligarchie médicale et aussi celle d'éloigner plutôt que d'attirer les jeunes médecins vers la spécialité des maladies mentales. Ces craintes sont-elles fondées ? Les partisans de la spécialisation du concours ne le croient pas. En effet, cette oligarchie médicale existe dès maintenant pour les médecins des hôpitaux de Paris, pour les médecins des hôpitaux ou les professeurs des Facultés de médecine de toutes les grandes villes. Cette suprématie d'ailleurs est juste, puisqu'elle repose en général sur la valeur scientifique démontrée par des concours répétés et par des publications souvent nombreuses.

Loin d'éloigner les candidats, le concours spécial en crécrait. Car, suivant eux, beaucoup d'anciens internes des hôpitaux qui se font inscrire pour les concours de médecin et de chirurgien des hôpitaux ou se feront inscrire pour celui d'accoucheur des hôpitaux, se dirigeront vers ce concours s'ils sont assurés d'avoir des débouchés, et cela parce qu'ils restent à Paris ou dans son voisinage, qu'ils peuvent se tenir dans le courant scientifique, tandis que jamais, fort probablement, ils ne prendront part à un concours qui aura pour conséquence, s'il se termine en leur faveur, de les éloigner, sinon définitivement, au moins pour un long temps, des asiles de la Seine.

Le but poursuivi par les partisans d'une spécialisation du concours pour la Seine, c'est d'élever le niveau du corps médical des asiles d'aliénés de ce département, de manière à permettre son assimilation aussi complète que possible avec le corps des médecins des hôpitaux de Paris.

Il convient aussi de rappeler que si, conformément à l'article 3 de la loi du 10 janvier 1849, l'Administration de l'Assistance publique avait conservé la tutelle des aliénés, elle aurait procédé pour la nomination des médecins des asiles de Sainte-Anne, Ville-Evrard et Vaucluse, comme elle l'a fait pour les médecins des quartiers de Bicêtre et de la Salpêtrière, et que les chefs de service de ces asiles seraient médecins des hôpitaux, comme l'étaient ou le sont MM. Trélat, Archambault, Baillarger, Delasiauve, Moreau (de Tours), J. Voisin, Bourneville, Charpentier et Deny.

L'une des objections principales formulée par M. Foville consiste à dire que ce système lèse les médecins adjoints et les médecins chefs de service des asiles de province qui, plus préoccupés de la pratique que des études théoriques se trouveront infériorisés à de jeunes docteurs sortant de l'internat. Nous ne le croyons pas; voici pourquoi. D'abord, au fur et à mesure que les asiles de la Seine se compléteront, il y aura un roulement assez fréquent et, partant, des concours assez rapprochés. Ils le seront encore plus si, comme il en a été question, on diminue le nombre des malades confiés à chaque médecin. Par conséquent, il s'écoulera un court espace de temps entre les concours de la Seine et ceux auxquels auront pris part les médecins des asiles de province pour être nommés médecins adjoints ou médecins chefs de service.

Enfin, pour donner satisfaction à tous les intérêts, et surtout pour rendre justice aux concurrents, il conviendrait d'ajouter aux épreuves actuelles, théoriques et pratiques, des concours de Bicêtre et de la Salpêtrière une épreuve nouvelle : l'*examen des titres scientifiques*, en y joignant une *appréciation des services rendus* (1). Grâce à cette innovation, il pourra être

____

(1) Voir sur ce point les rapports présentés par nous au Conseil

tenu compte, dans les concours, d'un élément important, et on encouragera sérieusement les jeunes gens à se livrer aux recherches cliniques, aux travaux de laboratoire, en un mot à faire acte d'initiative, au lieu de donner le pas à ceux qui n'ont d'autres qualités que celles qu'on acquiert par la fréquentation assidue des conférences et qui, finissant par arriver après des concours nombreux, ont perdu souvent l'habitude des recherches et ne contribuent que médiocrement au progrès de de la science, si intimement lié au bien-être et au traitement malades.

L'assimilation que l'on a voulu établir entre les médecins des asiles et le corps des officiers, celui des ingénieurs des ponts et chaussées est combattue par la minorité du groupe. En effet, pour être logique, il faudrait l'étendre à tous les médecins des hôpitaux, à tous ceux qui occupent des fonctions. L'officier, l'ingénieur vit de sa paye, il n'en est pas de même le plus souvent des médecins qui reçoivent un traitement ou une indemnité plus ou moins modiques, parce qu'on sait qu'ils ont à leur disposition la clientèle, la consultation ou des travaux scientifiques. A ce compte, on écarterait tous les médecins qui, peu fortunés, se sentent la force, le talent nécessaires pour aspirer à des situations plus favorisées.

Adopter pour l'obtention des places de médecins chefs de service un système analogue à celui de l'Ecole polytechnique, comme l'a proposé M. Ball, n'a pas été admis par le groupe. Il serait tout au plus possible si l'on procédait d'un seul coup à la nomination de tous les médecins, mais il a été convenu que l'on ferait un concours chaque fois qu'il y aurait trois vacances. Serait-ce le premier nommé de chaque concours qui pourrait obtenir les plus hautes fonctions ? Mais les concours sont si différents. A un concours il y aura dix candidats, à tel autre, quatre, six ou quinze. On voit qu'on ne peut pas accepter équitablement un tel système.

Enfin, la minorité du 5e groupe, composée de M. Herold et du rapporteur, a fait valoir la situation particulière de la Seine qui possède, à Paris, la Faculté la plus fréquentée de France, où existe l'émulation la plus grande , où se trouvent de nombreux internes nommés au concours et pouvant fournir une riche pépinière de candidats; la nécessité d'avoir dans les asiles d'aliénés de ce département des hommes dans la force de l'âge, capables par leurs travaux scientifiques, par leur enseignement, d'aider à un bon recrutement de tous les asiles de la France.

---

général de la Seine sur le service des aliénés pour 1878, 1879, 1880, 1881 et 1882.

MM. Herold et Bourneville ont déclaré [qu'ils no verraient aucun inconvénient à ce qu'il fût procédé de la même façon pour les asiles situés au chef-lieu des autres Facultés de médecine.

Ces arguments n'ont pas convaincu les membres du groupe qui, à la majorité de trois (MM. Ball, Foville, Pilon) contre deux (MM. Herlod et Bourneville) ont déclaré qu'il n'y avait pas lieu d'instituer un concours spécial pour les asiles du département de la Seine.

L'établissement du concours entraîne la suppression de la nomination des médecins par les préfets, conformément aux dispositions du décret du 25 mars 1852 sur la décentralisation administrative.

Cette prérogative, d'ailleurs, était en réalité illusoire, car, depuis la promulgation de ce décret, la nomination des médecins a continué à se faire sur la présentation d'une liste dressée par MM. les inspecteurs généraux. Rien n'a donc été changé que la lettre; ce sont toujours les mêmes fonctionnaires qui présentent les candidats au choix de l'autorité. Tous les médecins étant, à l'avenir, nommés à la suite d'un concours, il paraît, en effet, qu'au ministre seul puisse être dévolu le pouvoir de consacrer le résultat du concours par la nomination. Enfin, le 5e groupe estime que, dans le but de compléter les avantages du concours, il serait bon d'établir un *tableau d'avancement* dressé par une commission médico-administrative.

e) *Médecins-directeurs.* —Comment doit-on procéder au choix de ces fonctionnaires ? M. Foville a proposé d'adjoindre au concours pour les places de médecins chefs de service un examen portant sur les questions de législation, d'administration et d'assistance relatives au service des aliénés. Mais, sur la remarque que la connaissance de ces questions était absolument indispensable aux médecins des asiles qui, forcément, les acquéraient par la pratique, en raison de la connexité qui existe, dans les asiles, entre le traitement des malades et toutes les questions d'ordre législatif et administratif, les membres du 5e groupe sont d'avis qu'il convient de réserver le choix des médecins-directeurs à M. le Ministre de l'intérieur.

f) *Des pharmaciens et des internes en pharmacie des asiles.* — Les membres du 5e groupe ont été unanimes à laisser à l'Administration le choix de ces fonctionnaires tout en accordant aux préfets la liberté de recourir au concours pour la nomination à ces fonctions, chaque fois que les circonstances le permettent. Déjà le concours a fonctionné dans le département de la Seine, et il serait aisé de l'établir pour les asiles situés dans le voisinage des Facultés mixtes de médecine et de p[illegible]rmacie.

Des traitements du personnel médical. — Le décret du 4 février 1875 fixe ainsi qu'il suit le classement et le traitement des médecins-directeurs, médecins en chef et adjoints :

	CLASSES.	TRAITEMENT.
Médecins-Directeurs	Exceptionnelle.	8,000 fr.
	1re	7,000
	2e	6,000
	3e	5,000
	4e	4,000
	5e	3,000
Médecins en chef	Exceptionnelle.	8,000 fr.
	1re	7.000
	2e	6,000
	3e	5,000
	4e	4,000
	5e	3,000
Médecins-adjoints	Exceptionnelle.	4,000 fr.
	1re	3,000
	2e	2,500
	3e	2,000

Se fondant sur l'insuffisance des traitements de la dernière classe de chaque grade, sur l'inutilité de subdivisions trop nombreuses, enfin et principalement sur la nécessité de mieux rémunérer des médecins dont on exigera des connaissances sérieuses, démontrées par des concours, le rapporteur a fait la proposition suivante qui a été adoptée à l'unanimité après discussion :

	CLASSES.	TRAITEMENT.
Médecins-directeurs	1re	8,000 fr.
	2e	7,000
	3e	6,000
	4e	5,000
Médecins en chef	1re	8,000 fr.
	2e	7,000
	3e	6,000
	4e	5,000
Médecins adjoints	1re	4,000 fr.
	2e	3,000

Le groupe est d'avis que les médecins en chef et les médecins adjoints ne pourront être promus à une classe supérieure

qu'après avoir accompli au moins deux ans pour les adjoints
et trois ans pour les chefs de service dans la classe immédiatement inférieure. La même réserve pourrait s'appliquer aux
médecins-directeurs et aux directeurs.

Résidence des médecins dans les asiles publics d'aliénés.
— Avant d'exposer l'avis du groupe, nous croyons devoir rappeler la réglementation actuelle. L'article 10 de l'Ordonnance
du 18 décembre 1839 est ainsi conçu :

« Le médecin en chef sera tenu de résider dans l'établissement.
Il pourra toutefois être dispensé de cette obligation par une décision spéciale de notre ministre de l'intérieur pourvu qu'il fasse
chaque jour, au moins, une visite générale des aliénés confiés à
ses soins et qu'en cas d'empêchement il puisse être suppléé par un
médecin résident. »

Le *Règlement officiel du service intérieur des asiles* (20
mars 1857) est encore plus formel :

« Art. 67. — Le médecin en chef est tenu de résider dans l'établissement. Il ne peut s'absenter plus de vingt-quatre heures sans
en donner avis au directeur, et plus de quarante-huit heures sans
un congé du préfet. »

De plus, il astreint également le médecin-adjoint à la résidence :

Art. 71. — Le médecin-adjoint est tenu de résider dans l'établissement. Il ne peut s'absenter plus de vingt-quatre heures sans en
donner avis au directeur et sans avoir obtenu l'agrément du médecin en chef, et plus de quarante-huit heures sans un congé du
préfet. »

Cette prescription a paru devoir être conservée dans son in-
tégralité en ce qui concerne les asiles où il y a seulement un
médecin-directeur et un médecin-adjoint.

En règle générale, il est bon que les médecins habitent
l'asile, afin d'assurer aux malades, à toute heure, les soins
dont ils ont besoin, et aussi, afin de permettre aux médecins
de surveiller attentivement l'emploi des aliénés aux différents
travaux. Ajoutons encore que la résidence des médecins dans
les asiles leur assure une influence morale incontestable sur
les malades et le personnel. Toutefois, dans les asiles où
existent plusieurs médecins chefs de service, et des médecins
adjoints, le 5e groupe a pensé qu'il n'était pas indispensable
d'imposer la résidence à tous les médecins, et, voulant conci-
lier à la fois l'intérêt des malades, l'intérêt et la liberté des
médecins, à l'unanimité, il a adopté la proposition suivante :

*Il doit y avoir pour chaque service médical un médecin ré-
sident, soit le médecin en chef, soit le médecin adjoint.*

Il est évident, par exemple, que les médecins des asiles de
Ville-Evrard et de Vaucluse doivent résider, si l'on veut assurer la régularité du service et leur rendre facile l'accomplisse-
ment de leurs fonctions, tandis qu'à l'asile Sainte-Anne, dans
les quartiers de Bicêtre et de la Salpêtrière, la présence d'un
médecin résident peut suffire à faire face aux besoins et à
assurer l'exécution de la loi. Cela est d'autant plus aisé que
ces établissements possèdent des internes nommés au concours et offrant par conséquent des garanties sérieuses.

Intérêts des médecins dans les établissements privés. — Le
Règlement du service intérieur, en date du 20 mars 1857,
s'exprime ainsi sur ce point :

« Art. 68. — Il (le médecin en chef) ne peut être intéressé dans
la gestion ni attaché, soit comme médecin habituel, soit comme médecin consultant, au service médical d'un établissement privé destiné au traitement de l'aliénation mentale. »

L'Administration a toujours veillé à la stricte exécution de
cet article du règlement et n'a fait d'exception que pour les
médecins des quartiers d'hospice de Paris, et pour quelques
médecins adjoints des départements auxquels elle a donné la
liberté de faire de la clientèle et d'avoir des intérêts dans des
établissements privés.

Cette question délicate a été l'occasion d'une longue discussion entre les membres du groupe. Plus il est fait de restric-
tions à la liberté des médecins, moins l'Administration a de
chance de voir s'engager dans cette direction spéciale des
hommes intelligents, actifs, qui se sentent capables d'obtenir
mieux que la rémunération modeste qui leur est offerte.

En ce qui concerne la clientèle spéciale, jusqu'ici les médecins en chef ou les médecins adjoints ont été laissés libres,
et cela sans grand inconvénient. Elle est d'ailleurs très cir-
conscrite, même à Paris, où, suivant les évaluations de M. Lunier, elle ne dépasserait guère une cinquantaine de mille francs.
Tout le monde a été d'accord à ne rien changer à cette situation.

En ce qui concerne la clientèle ordinaire, le groupe, à la
majorité de trois voix contre deux, a été d'avis qu'il fallait en
maintenir l'interdiction pour les médecins des asiles d'aliénés.
Là encore, s'est présentée la question des asiles de la Seine où
les médecins des quartiers d'hospice sont traités différemment
des médecins des asiles. Ainsi, les premiers, qui font partie
du corps médical des hôpitaux, sont libres, une fois leur ser-

vice accompli, de faire de la clientèle ordinaire ou de la clientèle spéciale. Les médecins de l'asile Sainte-Anne, eux, n'ont pas cette faculté (1).

Personne, que nous sachions, n'a essayé de démontrer que la liberté accordée aux médecins de Bicêtre et de la Salpêtrière de faire de la clientèle ait été préjudiciable aux malades. Ce qui importe, c'est que la visite des malades soit faite régulièrement et avec soin, et que les médecins remplissent exactement les obligations que la loi et leur devoir leur imposent.

D'après M. Lunier, si l'on donnait aux médecins des asiles la liberté de faire de la clientèle, il faudrait diminuer leurs traitements et les assimiler aux médecins des hôpitaux, quant aux indemnités. A cela, on peut répondre que l'indemnité actuelle des médecins des hôpitaux a été fixée il y a longtemps, et que, dans un délai plus ou moins long, elle sera sans doute augmentée, et ce sera justice ; ensuite que le travail imposé aux médecins des asiles est beaucoup plus considérable et beaucoup plus pénible que celui des médecins des hôpitaux : visites des familles, tenue des registres exigés par la loi, certificats, etc., etc.

Sur le point relatif à la participation des médecins des asiles à la direction ou au service médical des maisons de santé, deux opinions se sont également produites. La minorité pense qu'il n'y aurait aucun inconvénient à permettre aux médecins des asiles, sauf à ceux qui ont la *direction d'un pensionnat*, et au médecin du *bureau d'admission*, d'utiliser leur activité et leurs talents comme ils l'entendent.

D'autres membres du groupe se sont déclarés partisans du maintien de la réglementation actuelle. En conséquence des divergences exprimées, M. Herold a posé les deux questions suivantes :

1° *Les médecins des asiles publics d'aliénés qui sont chargés du service du pensionnat ou du bureau d'admission ne peuvent être intéressés dans la gestion ni attachés soit com-*

---

(1) Qu'il nous soit permis à ce propos de rappeler un vœu émis au Conseil général de la Seine (séance du 25 mars 1879), au nom de la 3ᵉ Commission et ainsi conçu : « Votre Commission n'a découvert, dans la liberté laissée aux médecins, aucun inconvénient sérieux et elle est d'avis de vous proposer d'émettre le vœu que la restriction imposée par l'arrêté ministériel sus-visé (20 oct. 1879), en ce qui concerne l'asile de Sainte-Anne et l'asile de Vaucluse soit levée. » Et les conclusions de la Commission ont été adoptées par le Conseil, après une discussion à laquelle ont pris part MM. Henricy, Lafont et le Préfet de la Seine. (*Note du rapporteur*).

*me médecins habituels soit comme consultants au service
médical d'un établissement privé destiné au traitement de
l'aliénation mentale.*

Cette rédaction a été adoptée par le groupe.

2° *Les médecins chefs de service des asiles publics, non
chargés du service médical d'un pensionnat ou du bureau
d'admission, peuvent être autorisés à avoir des intérêts dans
une maison de santé.*

Deux membres ont voté *pour* (MM. Ball et Bourneville) deux
contre (MM. Herold et Lunier), un s'est abstenu (M. Pilon).

III. AUMÔNIERS. — Dans presque tous les asiles départementaux, le service religieux est confié à un aumônier spécial nommé par l'évêque, sur une liste de présentation de trois candi-
didats que désigne le préfet (art. 108 du *Règlement du 20 mars
1857*). Le traitement de ces fonctionnaires n'atteint 1,800 francs
que dans un très petit nombre d'asiles et ne le dépasse que dans
ceux de la Seine (1). Il y a quelques années, il y avait dans
chacun des trois grands asiles de la Seine un aumônier en
chef et un aumônier adjoint. Le Conseil général a supprimé les
aumôniers adjoints, et, de plus, l'an dernier, il a supprimé
l'aumônier de l'asile Sainte-Anne (2). A ce sujet, M Lunier dit
que les fonctions d'aumônier d'un asile d'aliénés doivent toujours être remplies par un prêtre de la paroisse la plus proche
de l'asile. Lorsque, par suite de la situation de l'asile, il est nécessaire d'avoir un aumônier spécialement attaché à l'établissement, il devrait toujours être logé en dehors de l'asile. Cette
opinion, qui s'appuie sur une longue pratique et qui est conforme à celle de la majorité des médecins qui ont écrit sur
cette question, est adoptée à l'unanimité par le cinquième
groupe.

IV. PERSONNEL DE SURVEILLANCE. — Il comprend actuellement des *sœurs hospitalières*, des *surveillants et surveillantes laïques*, des *infirmiers et des infirmières laïques.*

Sœurs hospitalières. — « Dans un seul de nos quatre asiles
d'hommes, Cadillac, la direction secondaire des services économiques est confiée à des sœurs hospitalières. Elles sont

---

(1) L'aumônier de l'asile de Vaucluse et celui de Ville-Évrard
reçoivent chacun 2,000 francs et, de plus, une indemnité de nour-
riture de 600 francs.

(2) Depuis que ce rapport a été fait le Conseil général a supprimé
les aumôniers des trois asiles de Sainte-Anne, Vaucluse et Ville-
Évrard.

chargées de cette direction secondaire en même temps que du service intérieur de la section des femmes dans tous les autres asiles départementaux, à l'exception de Sainte-Catherine-d'Iseure et d'Auxerre, où le personnel est entièrement laïque.

« Dans la plupart des asiles, d'ailleurs, les sœurs ne sont chargées que de la surveillance des quartiers et des divers services économiques : buanderie, lingerie, vestiaire, cuisine, pharmacie,etc. *C'est à des infirmières laïques et à des servantes laïques, placées sous leurs ordres, qu'incombent plus particulièrement les travaux manuels, l'entretien des habitations de jour et de nuit et les* SOINS PERSONNELS A DONNER AUX MALADES. Dans un certain nombre d'établissements, cependant, il n'y a, pour assister les sœurs, ni infirmières, ni servantes laïques : elles sont remplacées par des sœurs converses,.. (1). »

Cette situation offre de nombreux inconvénients. Et ils sont d'autant plus nombreux que la congrégation à laquelle appartiennent les religieuses de l'asile est plus puissante. L'Administration est souvent gênée ; le service médical n'est pas libre ; des personnes étrangères exercent une action regrettable et on a même vu un évêque voulant imposer le choix d'une congrégation.

Se fondant sur les inconvénients qui résultent pour la société civile d'encourager par des subventions des congrégations qui, en vertu de par leurs règlements, sont en hostilité constante avec les idées modernes ; — qui ont pour première obligation d'essayer par tous les moyens dont elles disposent d'exercer une action sur la conscience des malades, — le cinquième groupe a été unanime à voter le *remplacement des sœurs hospitalières par des surveillantes laïques.*

Surveillants, surveillantes, infirmiers et infirmières laïques. — Après examen, le 5ᵉ groupe s'est arrêté aux résolutions suivantes qui ont été adoptées à l'unanimité :

1° *Le seul moyen d'améliorer le personnel secondaire est d'augmenter les traitements de manière qu'ils soient supérieurs à ceux des serviteurs à gages de la localité.*

2° *Tout le personnel secondaire devra être nommé par le Conseil médical, sur la présentation de l'Administrateur. Le personnel de surveillance pourra être révoqué directement par le Conseil médical sans l'intervention de l'Administrateur.*

3° *En raison des fonctions pénibles imposées au personnel*

____

(1) Rapport général, etc., p. 169.

de surveillance, il y aurait lieu d'instituer, dans chaque département, une caisse de retraite pour les agents qui composent ce personnel. Dix années devraient suffire pour acquérir des droits à une pension, dont le chiffre serait forcément modeste, et, après dix années, les services supplémentaires feraient augmenter sensiblement chaque année le montant du chiffre de la pension de retraite. Les départements pourraient choisir entre le système de la caisse des retraites ou les positions de reposants.

Tout le monde est d'accord pour reconnaître que la situation actuelle est déplorable. Le recrutement du personnel secondaire, hommes, est plus mauvais que celui des femmes. Ce n'est pas à dire, toutefois, qu'il n'y ait de bons surveillants, des infirmiers zélés, mais leur nombre est fort restreint.

Parmi les femmes, on trouve beaucoup plus de dévouement, et il est permis de dire que, à peu près dans tous les asiles, ce sont elles qui rendent le plus de services aux malades. Par malheur, la plupart n'ont reçu aucune instruction, et, ni les sœurs ni l'administration n'ont jugé à propos jusqu'ici de faire aucune tentative pour améliorer leur situation morale et intellectuelle. C'est dans ce sens qu'il conviendra d'agir, et, pour réaliser le but que le gouvernement de la République a le devoir de poursuivre, il suffira d'organiser des *Écoles d'infirmières* semblables à celles que le Conseil municipal de Paris a créées et dont le Conseil général a demandé l'installation à l'Asile clinique (Sainte-Anne) (1).

Là se termine le rapport que nous avons été chargé de faire au nom du cinquième groupe. Nous aurions voulu le faire plus concis, moins imparfait. Mais, si nous n'échappons pas, de ce côté, à des critiques, nous croyons tout au moins avoir exposé avec la plus scrupuleuse exactitude les opinions diverses émises par nos collègues.

Le Rapporteur, Signé : BOURNEVILLE.

---

(1) Ce rapport a été lu devant le 5e groupe les 19 et 26 juillet 1881. Depuis cette époque, la mort est venue ravir notre président, M. Herold, à l'affection de sa famille et de ses nombreux amis. Son éminent successeur, M. Ch. Floquet, s'est empressé d'accéder au vœu du Conseil général de la Seine et a procédé à l'inauguration de l'École d'infirmières de l'Asile clinique, préparant de la sorte la prochaine laïcisation des Asiles d'aliénés de la Seine (*Note du rapporteur*). — On sait que l'Asile clinique (Sainte-Anne) a été laïcisé le 1er janvier 1881 ; l'asile de Ville-Évrard le 1er janvier 1885, et que l'asile de Vaucluse sera laïcisé le 1er juillet.

DES PLACEMENTS VOLONTAIRES

LES ASILES D'ALIÉNÉS DE LA SEINE

Il existe deux sortes de placements pour les aliénés dans les asiles : les *placements d'office* et les *placements volontaires*. En général, les *malades riches* sont placés par leurs familles dans les maisons de santé privées, sans l'intervention de la police ; celle-ci n'intervient qu'en cas de scandale ou de violences sur la voie publique. Quant aux *malades pauvres* ou *peu aisés*, qu'il y ait ou non scandale, violences, etc., les *placements* dans les *asiles publics* se faisaient d'*office* pour la très grande majorité, il y a quelques années, et se font encore pour un trop grand nombre, c'est-à-dire que les malades sont conduits, soit par les familles, soit par l'intermédiaire du commissaire de police, au *dépôt de la Préfecture de police* et de là, après un séjour plus ou moins long, transférés au Bureau d'admission de l'*Asile clinique* (Ste-Anne).

En 1878, le Préfet de la Seine s'était simplement réservé 160 *placements volontaires d'indigents*, dont 40 pour les enfants, dans les cinq asiles, ou quartiers d'hospice du département. Mais cette mesure était peu connue et le placement volontaire d'un indigent exigeant l'envoi d'une demande au Préfet, une enquête, etc., etc., la réponse n'arrivait aux familles qu'au bout de 8, 10 ou 15 jours. On conçoit les inconvénients de semblables retards lorsqu'il s'agit d'un malade aliéné. C'est pourquoi, en novembre 1878, nous avons demandé au Conseil général d' « inviter l'Administration à faciliter les placements volontaires et à abréger le plus possible les formalités (1) ». C'était un premier pas, bien timide, dans la voie des améliorations. Il y avait mieux à faire ; c'est pour cela que, l'année suivante, nous avons insisté dans les termes suivants :

« Actuellement, disions-nous, tous les malades, sauf ceux qui ont les avantages des placements volontaires, doivent passer par le *Dépôt de la Préfecture de Police* où ils font un séjour plus ou moins long, qui est quelquefois de deux jours. Cette obligation est très pénible pour les familles et est souvent dangereuse pour les malades, principalement pour ceux qui ont encore une partie de leur raison, ou pour ceux qui sont affectés de certaines formes d'aliénation, comme le délire de persécution. Elle constitue d'ailleurs une inégalité choquante qu'il convient de faire disparaître.

« Les familles riches ont, en effet, la faculté de conduire *directement* dans les maisons de santé, leurs parents frappés de folie. Pourquoi n'en serait-il pas de même pour les familles pauvres ? Rien de plus facile, du reste, que de mettre fin à ce triste état de choses, en autorisant les familles à conduire directement leurs malades au bureau d'admission de Sainte-Anne, quand elles ont rempli les premières formalités exigées par la loi, absolument comme elles les conduisent à l'hôpital pour une affection ordinaire. Il est grand temps de considérer l'*aliéné* comme un *malade ordinaire* et de faire disparaître les préjugés qui règnent encore à ce sujet. Si cette mesure était adoptée par vous et par l'Administration, le Dépôt de la Préfecture ne servirait plus qu'aux personnes arrêtées par la police, atteintes ou réputées atteintes d'aliénation mentale.

« Le rétablissement des placements volontaires n'a supprimé le passage à la Préfecture que pour un nombre très minime d'aliénés indigents. En effet, il y a eu en 1879, 25 placements volontaires à Vaucluse, 96 à Sainte-Anne et 4 à Ville-Évrard. Vous voyez, par ces chiffres, qu'une réforme est urgente et qu'il y a lieu d'inviter l'Administration à étendre les placements volontaires à tous les malades dont l'admission est sollicitée par les familles. »

Dans notre *Rapport sur les Budgets et Comptes des Asiles d'aliénés et sur les mesures diverses relatives au service* (Budget de 1881), présenté au Conseil général le 27 nov. 1880, après avoir reproduit les argu-

---

(1) *Rapport sur le service des aliénés.* (Budget de 1879), 26 novembre 1878, p. 30.

ments qui précèdent, n'ayant pas obtenu satisfaction de l'Administration, nous ajoutions (p. 66) :

« Votre commission pense donc qu'il convient de maintenir les placements volontaires d'aliénés payants au même chiffre qu'en 1880 (soit 170) et de laisser pour les *placements volontaires* d'aliénés *indigents* toute latitude à l'Administration ; — d'inviter l'Administration à examiner d'urgence les demandes qui lui sont faites et à ne pas prolonger pendant cinq à dix jours, comme cela se fait trop souvent, les réponses aux familles. »

Le 30 nov. 1881, nous reproduisions les mêmes arguments (1). Un an se passe encore et l'Administration ne change rien à ses errements, tant il est difficile de réaliser une réforme dans notre pays ! Nos collègues de la Commission nous donnent mission de persister :

« La situation étant la même (2), écrivions-nous le 19 décembre 1882, dans le *Rapport sur le service des aliénés* (Budget de 1883), au nom de la troisième Commission, nous insistons de nouveau, afin que vous invitiez l'Administration à tenir enfin compte de vos décisions. Dans le but de lui faciliter sa tâche, vous avez décidé qu'il y avait lieu de lui accorder toute latitude pour les *placements volontaires d'indigents.* — Malgré cela, la progression est très lente. En effet, on a compté 25 placements volontaires gratuits en 1879, 31 en 1880 et 35, du 1er janvier au 31 octobre 1882. D'où il suit que, malgré votre insistance, les familles pauvres trouvent toujours des difficultés à la Préfecture de la Seine pour le placement de leurs malades à Sainte-Anne, et qu'au lieu de les aider on préfère les renvoyer à la Préfecture de Police. Il est temps que cette situation cesse : à vous d'exiger que l'Administration se conforme à vos vœux, en autorisant les familles à conduire directement leurs malades au bureau d'admission. L'enquête, nécessaire pour s'assurer de la situation de fortune des malades, serait faite après l'admission, au lieu d'être faite avant, et il n'en résulterait aucune perte pour les finances départementales.

« Pour ce qui est des malades arrêtés sur la voie publique ou à domicile, votre Commission invite de nouveau M. le Préfet de Police à joindre au certificat du médecin de la Préfecture de Police une note indiquant les motifs de l'arrestation, les conditions dans lesquelles elle a été opérée, etc. Les médecins y puiseraient d'utiles renseignements pour les soins à donner aux malades, pour

---

(1) *Rapport sur le service des aliénés*, etc. (Budget de 1882), p. 18.

(2) La progression des placements volontaires gratuits avait, en effet, été peu sensible puisque, en 1882, il n'y en avait eu que 62 sur 3,073 entrées au bureau d'admission.

le pronostic, etc. L'Administration ne peut s'y refuser, puisque quelques-uns de ses employés communiquent aux journaux politiques ces renseignements plus ou moins dramatisés. Enfin, nous croyons qu'il est urgent d'apporter des améliorations dans le *mode de transport des malades* du dépôt de la Préfecture de Police au bureau d'admission. La disposition des voitures a quelque chose de barbare. Espérons que dans un an nous aurons la satisfaction de vous faire connaître que M. le Préfet de Police s'est conformé à vos vœux. »

Le personnel du bureau des aliénés de la Préfecture de la Seine ayant été transformé, les mauvaises volontés qui s'opposaient à l'exécution du vote si souvent renouvelé du Conseil général se sont évanouies. En effet, en 1883, il y a eu 191 placements volontaires gratuits et 330 en 1884. Mais si l'on songe que le nombre des entrées au Bureau d'admission de l'Asile clinique s'est élevé à plus de 3,000 dans cette même année 1884, on voit que le nombre des malades aliénés qui passent par le dépôt de la Préfecture de police est encore beaucoup trop considérable. A quoi cela tient-il ? A ce que la plupart des médecins ignorent la décision prise par le Conseil général et enfin acceptée par l'Administration. C'est pourquoi nous avons pensé que ce serait rendre service aux médecins et partant aux malades en plaçant sous leurs yeux les citations qui précèdent.

Conclusion : *Tout aliéné peut être conduit* DIRECTEMENT *par ses parents ou ses amis au bureau d'admission de l'Asile clinique (Ste-Anne), sans passer par la Préfecture de police, à la condition d'avoir un certificat médical légalisé par le commissaire de police du quartier et l'extrait de l'acte de naissance du malade* (1).　　　　　ROURNEVILLE.

---

(1) Il y a une douzaine d'années, l'un des membres d'une Commission administrative, nommée par M. Léon Renault, alors préfet de police, M. le Dr Blanche, avait signalé les inconvénients du passage des malades aliénés au dépôt de la Préfecture de police. M. Lasègue, qui faisait partie de cette Commission, protesta « comme un forcené » contre la mesure si humaine que l'on proposait.

RAPPORTS

DE

M. Bourneville au Conseil Municipal de Paris

DONT L'IMPRESSION A ÉTÉ VOTÉE

1877

Amélioration du service d'eau douce à l'hôpital de Berck-sur-Mer, appartenant à l'Assistance publique. In-4 de 16 pages.

Travaux de consolidation à exécuter à l'hôpital Lariboisière. In-4 de 6 pages.

Allocation de subventions aux bibliothèques créées dans divers hôpitaux et hospices, par l'initiative des internes attachés à ces établissements. In-4 de 12 pages.

Projet de reconstruction du bâtiment des bains externes à l'hôpital Saint-Louis. In-4 de 16 pages.

Subvention pour les dépenses annuelles des hôpitaux et hospices. In-4 de 13 pages.

Subvention aux bibliothèques populaires. In-4 de 8 pages.

Chapitres additionnels au budget de l'Assistance publique pour 1877. In-4 de 8 pages.

Budget de l'Assistance publique pour l'exercice 1878. Subvention pour les dépenses annuelles des hôpitaux. In-4 de 52 pages.

1878

Rapport sur un projet de vœu relatif à une nouvelle organisation du service d'accouchement dans les hôpitaux. In-4 de 8 pages.

Rapport sur divers travaux complémentaires de restauration à exécuter au quartier de la Sûreté, à l'hospice de Bicêtre. In-4 de 8 pages.

Rapport sur une proposition déposée par M. Bourneville et

tendant à allouer une subvention de 2,000 fr. à l'école d'infirmières de la Salpêtrière et à l'école d'infirmiers de Bicêtre. In-4 de 10 pages.

Rapport sur l'allocation d'un crédit supplémentaire sur l'exercice 1877, pour les travaux de défense entrepris aux abords de Berck-sur-Mer et sur l'entretien et la continuation des mêmes travaux en 1878. In-4 de 14 pages.

Rapport sur des travaux à exécuter à l'hôpital de Berck-sur-Mer, pour la canalisation des eaux ménagères. In-4 de 14 pages.

Rapport sur des legs et donations pour des œuvres de bienfaisance. In-4 de 4 pages.

Rapport sur des pensions et secours, dépenses diverses. In-4 de 12 pages.

Rapport sur le projet de budget pour 1879 (Assistance publique — Aliénés — Enfants assistés — Etablissements de bienfaisance). In-4 de 84 pages.

1879

Rapport sur un projet de constructions et de réparations diverses à exécuter dans les sections d'aliénées à la Salpêtrière. In-4 de 16 pages.

Rapport sur un projet de travaux d'appropriation à exécuter dans les bâtiments de la communauté de l'hôpital Laënnec pour la création des logements à l'usage des sous-employés laïques. In-4 de 16 pages.

Rapport sur un projet d'avis relatif aux travaux de restauration des bâtiments de l'ancien hospice de Belleville, rue Pelleport. In-4 de 12 pages.

Rapport sur un projet de modification du réseau télégraphique reliant le siège de l'administration de l'Assistance publique aux hospices et hôpitaux. In-4 de 8 pages.

Rapport sur des pensions et secours ; dépenses diverses ; subventions aux bibliothèques médicales des hôpitaux et hospices ; subvention aux bibliothèques populaires. In-4 de 10 pages.

Rapport sur le projet de budget pour l'exercice 1880. Assistance publique. — Aliénés. — Enfants assistés. — Etablissements de bienfaisance. In-4 de 86 pages.

1880

Rapport sur un projet de délibération relatif à l'agrandissement de la Sorbonne et à la translation de la Faculté des sciences. In-4 de 4 pages.

Rapport sur un projet de traité avec l'Etat relatif à l'agrandissement de la Sorbonne et à la translation de la Faculté des sciences. In-4 de 10 pages.

Rapport sur des travaux de constructions ou de grosses réparations à faire dans divers établissements de l'Assistance publique. In-4 de 44 pages.

Rapport sur des réparations d'une partie des façades des bâtiments intérieurs de l'hôpital du Midi. In-4 de 20 pages.

Rapport sur l'ameublement de la nouvelle clinique d'accouchements de la rue d'Assas. In-4 de 28 pages.

Rapport sur un projet d'agrandissement de l'hôpital de Forges-les-Bains In-4 de 16 pages.

Rapport sur un projet de travaux à exécuter à l'hôpital de la Pitié pour la transformation du bâtiment de la communauté et de diverses localités en logements de surveillantes et de sous-surveillantes. In-4 de 19 pages.

Rapport sur les recettes provenant de dons et legs et de remboursement de frais de secours. In-4 de 6 pages.

Rapport sur la transformation du poste-caserne de la porte de Saint-Ouen (hôpital Bichat). In-4 de 30 pages.

Rapport sur la construction d'un laboratoire et d'un cabinet de micrographie à l'hôpital Saint-Louis. In-4 de 8 pages.

Rapport sur les dépenses du service des secours publics; dons et legs. (Projet de budget) : Chap. IV, article 9 (partie) ; V, articles 31 à 43 ; XVI, article 17 (partie) ; XXI, articles 9 et 10. — Budget spécial de la préfecture de police : Chap. XIX ; XVI, article 3. In-4 de 15 pages.

Rapport sur les dépenses de l'Assistance publique pour 1881 ; projet de budget : Chapitre XX ; et projet de budget spécial de l'Assistance publique. In-4 de 138 pages.

1881

Rapport sur l'inscription en recettes et en dépenses au budget de l'Assistance publique d'une somme de 73,613 fr. In-4 de 12 pages.

Rapport sur la reconstruction du bâtiment d'administration à l'amphithéâtre d'anatomie. In-4 de 7 pages.

Rapport sur les travaux à exécuter pour la transformation de la communauté en logements pour le personnel laïque et restauration des façades à la maison de retraite de la Rochefoucauld. In-4 de 16 pages.

Rapport sur les travaux à exécuter à l'hôpital Saint-Louis. In-4 de 38 pages.

Rapport sur les dépenses de l'Assistance publique pour 1882. (Projet de budget) : Chap. XX et XXI, article 10 et projet de budget spécial pour l'Assistance publique. In-4 de 42 pages.

1882

Rapport sur la clôture des terrains réunis au périmètre de l'hôpital Saint-Antoine ; réfection des cabinets d'aisance des salles Magendie, Louis et Dupuytren, et construction d'un bâtiment pour loger les internes en médecine. In-4 de 36 pages.

Rapport sur la reconstruction des bains de l'hôpital de Lourcine. In-4 de 24 pages.

Rapport sur la construction d'un service balnéo-hydrothérapique à la Salpêtrière. In-4 de 22 pages.

Rapport sur la reconstruction du service des bains et d'hydrothérapie à l'hôpital Laënnec. In-4 de 10 pages.

Rapport sur l'appropriation de logements pour le personnel laïque à l'hôpital Tenon (avec note sur les dépenses de constructions dudit hôpital. In-4 de 12 pages.

Rapport sur les travaux à exécuter à la pharmacie centrale pour la construction d'un égout intérieur et pour la réparation de la toiture et le nettoyage des façades des bâtiments situés dans la deuxième cour. In-4 de 12 pages.

Rapport sur la consolidation et restauration extérieure du bâtiment dit de la communauté, et peinture des baraques affectées au service des varioleux, à l'hôpital Saint-Louis. In-4 de 8 pages.

Rapport sur l'approbation de devis supplémentaires pour la construction et l'ameublement de l'hospice Lenoir-Jousseran. In-4 de 6 pages.

Rapport sur l'entretien des travaux de défense de l'hôpital de Berck, contre les envahissements de la mer. In-4 de 10 pages.

Rapport sur l'adjudication d'un terrain de 13,500 mètres, situé à Gentilly. (Bulletin mun. off., 1882, page 1073.)

Rapport sur un projet de création d'un musée municipal d'hygiène au nouvel Hôtel-Dieu. (Bull. mun. off., page 1090.)

1883.

Rapport sur l'installation à la boulangerie centrale, de deux fours à charbon de terre dits aérothermes. In-4 de 16 pages.

Rapport sur diverses constructions à l'hôpital Necker. In-4 de 28 pages.

Rapport sur la réinstallation du service des morts et du chantier, à l'hôpital Laënnec. In-4 de 48 pages.

Rapport sur une subvention en faveur de l'asile des jeunes garçons infirmes et pauvres de la rue Lecourbe. In-4 de 12 p.

Rapport sur la création de deux écoles dispensaires pour les enfants rachitiques ou difformes. In-4 de 16 pages.

Rapport sur la création d'un quartier spécial pour les enfants idiots et épileptiques, à l'hospice de Bicêtre. In-4 de 30 pages.

Rapport sur la réorganisation du service des secours publics, sur les bases de celui qui fonctionne à New-York. In-4 de 12 pages.

RAPPORTS AU CONSEIL GÉNÉRAL DE LA SEINE.

1878.

Rapport sur les budgets et comptes des asiles d'aliénés et sur les mesures diverses relatives au service (budget 1878). In-4 de 45 pages.

Rapport sur le service des aliénés (budget 1879). In-4 de 48 pages.

1879.

Rapport sur les budgets et comptes des asiles d'aliénés et sur les mesures diverses relatives au service (budget 1880). In-4 de 83 pages.

1880.

Rapport sur les budgets et comptes des asiles d'aliénés, et sur les mesures diverses relatives au service (budget 1881). In-4 de 80 pages.

Rapport sur la création d'une clinique de pathologie mentale à l'asile Sainte-Anne. In-4 de 11 pages.

1881.

Rapport sur les budgets et comptes des asiles d'aliénés, et les mesures diverses relatives au service (budget de 1882). In-4 de 62 pages.

1882

Rapport sur le service des aliénés et sur les budgets et comptes de l'Asile Sainte-Anne (budget 1882). In-4 de 75 pages.

1883.

Rapport sur la fondation d'une caisse de prévoyance au profit du personnel secondaire des asiles d'aliénés. In-4 de 16 pages.

PARIS. — IMP. GOUPY ET JOURDAN, RUE DE RENNES, 71

9 782016 160961